ORDONNANCE DU ROI,

Concernant l'Infanterie françoise.

Du 10 Décembre 1762.

DE PAR LE ROI.

SA MAJESTÉ voulant, à l'occasion de la Paix, expliquer ses intentions sur les régimens de son Infanterie françoise qu'Elle a résolu de maintenir sur pied : Jugeant en même temps convenable d'en affecter plusieurs au service de la Marine & des Colonies, & leur donner à tous une constitution solide & invariable, qui puisse rendre l'état des Officiers assuré, de manière qu'ils n'aient plus rien à appréhender des réformes à venir; Sa Majesté a ordonné & ordonne ce qui suit :

A

ARTICLE PREMIER.

Douze régimens conservés à quatre bataillons.

LES régimens de Picardie, Champagne, Navarre, Piémont, Normandie, la Marine, Boisgélin, Bourbonnois, Auvergne, Rougé, Chastelux, & du Roi, seront conservés à quatre bataillons.

I I.

Sept régimens mis à quatre bataillons, au moyen de sept régimens qui y seront incorporés.

LES régimens Royal, de Poitou, Lyonnois, Dauphin, Vaubecourt, Touraine & Aquitaine, seront portés à quatre bataillons, au moyen des régimens que Sa Majesté a résolu d'y faire incorporer.

SÇAVOIR;

Sept régimens incorporés.

Le régiment de Cambis dans le régiment Royal.
Le régiment de Saint-Mauris dans le régiment de Poitou.
Le régiment de Nice dans le régiment de Lyonnois.
Le régiment de Guyenne dans le régiment de Monsieur le Dauphin.
Le régiment de Lorraine dans le régiment de Vaubecourt.
Le régiment de Flandre dans le régiment de Touraine.
Et le régiment de Berry dans le régiment d'Aquitaine.

I I I.

Vingt-deux régimens conservés à deux bataillons & un à un bataillon.

LES régimens d'Eu, de Rosen, Montmorin, Briqueville, la Reine, Limosin, Royal-Vaisseaux, Orléans, la Couronne, Bretagne, Gardes-Lorraine, Artois, Montrevel, Montmorency, la Sarre, la Fère, Condé, Bourbon, Penthièvre, Chartres, Conti & Enguyen, seront conservés à deux bataillons, & celui de Mons. le Comte de la Marche à un bataillon.

I V.

Dix-sept régimens de deux bataillons, & six d'un bataillon, affectés au service de la Marine.

LES régimens Royal-Roussillon, de Beauvoisis, Rouergue, Bourgogne, Royal-la-Marine, Vermandois, Languedoc, Aumont, Médoc, Puységur, Bouillé, Royal-Comtois, Lastic, Provence, Boulonnois, Foix & Querci, de deux bataillons chacun; & ceux d'Angoumois, de Périgord, Saintonge, Forès, Cambresis & Tournaisis, d'un bataillon chacun, seront affectés au service de la Marine & des Colonies, & à la garde des Ports dans le royaume.

10. Décembre 1762.

V.

SA MAJESTÉ voulant donner des noms permanens aux régimens de l'Infanterie françoise qui n'en ont point, afin d'assurer la connoissance & la mémoire de leurs actions, son intention est qu'à l'avenir ;

Le régiment de Boisgelin, soit mis sous le titre de la *province de Béarn*.
Le régiment de Rougé, sous celui de la *province de Flandre*.
Le régiment de Chastelux, sous celui de la *province de Guyenne*.
Le régiment de Vaubecourt, sous celui de la *province d'Aunis*.
Le régiment de Rosen, sous celui de la *province de Dauphiné*.
Le régiment de Montmorin, sous celui de la *province de l'Isle de France*.
Le régiment de Briqueville, sous celui de la *province de Soissonnois*.
Le régiment de Montrevel, sous celui de la *province de Berry*.
Le régiment de Montmorency, sous celui de la *province du Haynault*.
Le régiment d'Aumont, sous celui de la *province de Beauce*.
Le régiment de Puységur, sous celui de la *province de Vivarais*.
Le régiment de Bouillé, sous celui de la *province du Vexin*.
Et le régiment de Lastic, sous celui de la *province de Beaujolois*.

Noms de Provinces donnés aux régimens qui n'en ont point.

V I.

VEUT Sa Majesté que nonobstant le changement de noms desdits régimens, ils conservent le rang dont ils jouissent actuellement dans l'Infanterie.

Rang conservé aux régimens changeant de noms.

V I I.

QUOIQUE les vingt-trois régimens nommés dans l'article IV, soient particulièrement destinés au service de la Marine, des Colonies & des Ports, entend cependant Sa Majesté que les Officiers qui y serviront, concourent, pour leur avancement, avec ceux qui resteront affectés au service de terre, dont lesdits vingt-trois régimens continueront de faire partie, & parmi lesquels ils conserveront le rang qui leur appartient; voulant Sa Majesté que dans les circonstances où lesdits régimens ne seroient utiles ni dans les Colonies, ni dans les Ports, ils soient employés dans les Armées comme les autres régimens, qui pareillement serviront aux Colonies, lorsque ceux que Sa Majesté y destine plus particulièrement, n'y suffiront pas.

Rang & service dans l'Infanterie, conservés aux régimens affectés à la Marine.

V I I I.

SA MAJESTÉ voulant établir l'uniformité dans le prix des régimens de son Infanterie françoise, Elle donnera ses ordres pour faire réduire ou augmenter, à mesure que les circonstan-

Prix des régimens.

4

ces le permettront, le prix des régimens qu'Elle a réfolu de
conferver fur pied, jufqu'à ce que le régiment de Picardie &
ceux qui le fuivent, jufques & compris le régiment de la Fère,
à la réferve de fon régiment & de ceux qui ont à leur tête des
Princes de fon Sang, foient tous à quarante mille livres; & que
le régiment Royal Rouffillon & ceux qui le fuivent, jufques
& compris celui de Querci, foient tous à vingt mille livres.

I X.

Compofition des bataillons.

TOUTES les Compagnies de Fufiliers des régimens d'Infanterie françoife, feront doublées, pour compofer les bataillons
de neuf compagnies feulement, dont une de Grenadiers & huit
de Fufiliers.

X.

Création de Fourriers dans chaque compa-gnie.

VEUT Sa Majefté qu'il foit établi dans chacune defdites
compagnies, un Fourrier, dont les fonctions feront réglées
ci-après.

X I.

Suppreffion des Anfpeffades, & création d'Ap-pointés à leur place.

VEUT auffi Sa Majefté que le grade d'Anfpeffade foit fup-
primé dans toutes les compagnies d'Infanterie françoife, & qu'il
foit créé, pour en tenir lieu, des places d'Appointés, dont les
fonctions feront auffi réglées ci-après.

X I I.

Compofition des compagnies de Grenadiers en temps de paix & de guerre.

CHACUNE des compagnies de Grenadiers fera, foit en
temps de paix, foit en temps de guerre, commandée par un
Capitaine, un Lieutenant & un Sous-lieutenant; & compofée
de deux Sergens, d'un Fourrier, quatre Caporaux, quatre Appointés, quarante Grenadiers & d'un Tambour.

Divifion def-dites compagnies par efcouades.

Les quatre Caporaux, les quatre Appointés & les quarante
Grenadiers feront diftribués en quatre efcouades, de douze
hommes chacune, dont un Caporal & un Appointé; la première & la troifième de ces efcouades formeront la première
divifion, à laquelle fera attaché le premier Sergent; la feconde
& la quatrième efcouades formeront la feconde divifion, à laquelle fera attaché le fecond Sergent: la première divifion fera
fubordonnée au Lieutenant, la feconde au Sous-lieutenant,
ces deux Officiers en rendront tous les jours compte au Capitaine, qui en répondra au Major, le Major au Colonel, & en
fon abfence, au Lieutenant-colonel.

10. Decembre 1762.

XIII.

L'INTENTION de Sa Majesté est que les Grenadiers qui viendront à manquer, continuent d'être remplacés sur le champ par les compagnies de Fusiliers, chacune à leur tour.

XIV.

CHACUNE des compagnies de Fusiliers sera, en tout temps, commandée par un Capitaine, un Lieutenant & un Sous-lieutenant; & composée, en temps de paix, de quatre Sergens, d'un Fourrier, de huit Caporaux, huit Appointés, quarante Fusiliers & de deux Tambours.

Les huit Caporaux, les huit Appointés & les quarante Fusiliers, formeront huit escouades de sept hommes chacune, y compris un Caporal & un Appointé; la première & la cinquième escouades formeront une première subdivision, à laquelle sera attaché le premier Sergent : la seconde & la sixième escouades formeront une seconde subdivision, à laquelle sera attaché le second Sergent : la troisième & la septième escouades formeront une troisième subdivision commandée par le troisième Sergent : la quatrième & la huitième escouades formeront la quatrième subdivision, à laquelle sera attaché le quatrième Sergent : les première & troisième subdivisions formeront la première division, qui sera subordonnée au Lieutenant; & les seconde & quatrième subdivisions formeront la seconde division que commandera le Sous-lieutenant; ces deux Officiers en rendront compte tous les jours au Capitaine, qui en répondra au Major, le Major au Colonel, & en son absence, au Lieutenant-colonel.

X V.

L'INTENTION de Sa Majesté étant de ne plus augmenter à l'avenir le nombre de ses Troupes par la création de nouveaux régimens, ni même par des compagnies nouvelles, dont l'expérience a démontré le mauvais usage, & ayant résolu de ne faire ces augmentations que par un nombre d'hommes réglé dans chaque escouade, sans augmentation d'Officiers ni de Bas-officiers, Elle veut & entend que les compagnies de Fusiliers conservent, soit en temps de paix, soit en temps de guerre, le nombre d'Officiers & de Bas-officiers fixé par l'article XIV. de la présente ordonnance, & Elle se réserve de déclarer, lorfque les circonftances l'exigeront, le nombre d'hommes dont Elle jugera à propos d'augmenter les efcouades de chaque compagnie.

X V I.

Suppreffion des Commandans de bataillons, qui feront commandés par le plus ancien Capitaine.

SA MAJESTE' ayant réfolu de donner à l'Etat-major de chaque régiment, une nouvelle compofition plus utile à fon fervice, en fupprimant quelques emplois qui lui paroiffent inutiles, & en en créant quelques-uns qu'Elle a jugé néceffaires, Elle veut & entend que la place de Commandant de bataillon foit fupprimée, quant à préfent, & que chaque bataillon foit commandé par le plus ancien des Capitaines; fe réfervant Sa Majefté de rétablir lefdites places, lors de la guerre, & d'y nommer les plus anciens Capitaines de Grenadiers, lefquels alors n'auront point de Compagnies.

X V I I.

Création d'un Sous-aide-major par bataillon.

POUR foulager le Major & les Aides-major dans leurs fonctions, Sa Majefté a réfolu de créer dans chaque bataillon une charge de Sous-aide-major.

X V I I I.

Création d'un Tréforier par régiment.

L'INTENTION de Sa Majefté étant que le Major ne foit pas diftrait des fonctions principales de fa charge, qui confiftent dans la police, la difcipline, la tenue & les exercices, Elle a réglé qu'il feroit établi dans chaque régiment, un Tréforier, pour être particulièrement chargé de l'adminiftration des deniers.

X I X.

Création d'un Quartier-maître par régiment.

VEUT pareillement Sa Majefté qu'il foit établi dans chaque régiment, un Quartier-maître, dont les fonctions feront réglées ci-après.

X X.

Création d'un Tambour-maior.

IL fera auffi créé dans chaque régiment, un Tambour-major, pour veiller à la difcipline prefcrite parmi les Tambours.

X X I.

Suppreffion des Enfeignes, & création de Porte-drapeaux.

LES deux Enfeignes qui exiftent dans chaque bataillon, feront fupprimés, & il fera créé deux places de Porte-drapeaux.

10. Decembre 1762.

X X I I.

LES places de Maréchal-des-logis, le Prevôt, fon Lieutenant, le Greffier, les Archers & l'Exécuteur, qui font établis
dans plufieurs régimens, feront fupprimés & renvoyés.

X X I I I.

AU moyen de ce qui eft prefcrit par les articles XVI,
XVII, XVIII, XIX, XX, XXI & XXII de la préfente
ordonnance, l'Etat-major de chaque régiment, fera compofé
d'un Colonel, d'un Lieutenant-colonel, d'un Major, d'un
Aide-major par bataillon, d'un Sous-aide-major, auffi par bataillon, de deux Porte-drapeaux par bataillon, d'un Quartier-
maître, d'un Tréforier, d'un Tambour-major, d'un Aumônier
& d'un Chirurgien.

X X I V.

SA MAJESTE' confidérant que le bien de fon fervice
exige que les charges de Lieutenant-colonel & de Major des
régimens, foient remplies par les fujets les plus diftingués,
tant par leur fervice que par leurs talens, & voulant de plus
en plus ranimer l'émulation parmi les Officiers de fes Troupes;
Elle a réfolu de s'en réferver la nomination, & de choifir à
l'avenir les fujets qui devront les remplir parmi ceux des Capitaines de tous les régimens d'Infanterie indiftinctement ,
qu'elle jugera devoir mériter cet avancement.

X X V.

SA MAJESTE' trouvant convenable au bien de fon fervice, que le Major ait en tout temps fur les Capitaines l'autorité dont il a befoin pour remplir fes fonctions; Elle veut
qu'à l'avenir la charge de Major foit dans tous les régimens
d'Infanterie un grade fupérieur à celui de Capitaine, & que
ledit Major commande le régiment, en l'abfence du Colonel
& du Lieutenant-colonel, & en leur préfence fous leur autorité, & qu'il paffe du grade de Major à celui de Lieutenant-
colonel ou de Colonel, pour devenir Officier général.

X X V I.

LE Major fera feul chargé d'ordonner , fous l'autorité du Colonel & du Lieutenant-colonel, les menues réparations, dont il
confiera le foin, dans chaque bataillon, aux Aides-major & aux
Sous-aides-major, qui feront tenus de lui en rendre compte.

XXVII.

Aides-major.

LES Aides-major continueront de jouir des prérogatives dont ils jouiſſent actuellement, & rempliront les mêmes fonctions.

XXVIII.

Sous - aides - major.

LES Sous-aides-major feront fubordonnés aux Aides-major, ils feront fpécialement chargés de veiller à l'entretien des compagnies, & à ce que les menues réparations ſoient faites à meſure, au moyen de la Maſſe commune établie à cet effet.

Ils auront dans le régiment & dans toute l'Infanterie, rang de Lieutenant, du jour de leur brevet, & en conſéquence ils commanderont à tous les Sous lieutenans & à tous les Lieutenans moins anciens qu'eux.

XXIX.

Porte-drapeaux.

LES Porte - drapeaux feront toûjours tirés du Corps des Sergens, auront rang de derniers Sous-lieutenans; & feront tenus, dans tous les temps, de porter les drapeaux à pied.

XXX.

Quartiers-maitres.

LE Quartier-maître de chaque régiment, aura rang de Sous-lieutenant, commandera fpécialement tous les Fourriers; & fera chargé du logement, du campement, des diſtributions & autres fonctions relatives, fupérieurement à eux.

XXXI.

Fonctions des Tréſoriers, & par qui nommés.

LES Tréſoriers feront fpécialement chargés de l'adminiſtration des deniers de chaque régiment; ils feront préſentés par le Colonel, le Lieutenant-colonel & le Major, au Secrétaire d'État ayant le département de la guerre, qui leur fera expédier des brevets pour remplir lefdites places, après qu'il les aura agréés.

XXXII.

Etabliſſement d'une Caiſſe.

TOUT l'argent de la Solde & de la Maſſe, ou de tout autre partie, qui appartiendra à chaque régiment, fera remis tous les mois au Tréſorier, pour être enfermé dans une caiſſe dont il aura la régie fubordonnément au Major, fous les ordres du Secrétaire d'État ayant le département de la guerre.

XXXIII.

Trois clefs à la dite Caiſſe, & par qui gardées.

CETTE caiſſe aura trois ferrures, dont les trois clefs feront entre les mains, l'une du Colonel, & en fon abfence; du
Commandant

9

Commandant du régiment; la deuxième entre les mains du Major, & la troisième entre celles du Tréforier, de manière que ladite caiffe ne puiffe s'ouvrir qu'en préfence de ces trois Officiers : Entendant Sa Majefté que ladite caiffe foit dépofée chez le Commandant du régiment, avec les drapeaux.

X X X I V.

En l'abfence du Colonel, la clef dont il doit être dépofitaire, demeurera entre les mains du Lieutenant-colonel; en l'abfence de ce dernier, entre les mains du plus ancien des Capitaines qui fe trouveront préfens; & en l'abfence du Major, fa clef demeurera entre les mains d'un Aide-major, de manière que dans tous les cas la caiffe ne puiffe s'ouvrir qu'en préfence de trois perfonnes.

Par qui les clefs gardées en l'abfence du Colonel & du Major.

X X X V.

Il y aura toûjours dans la caiffe de chaque régiment, un état des fonds qui y feront mis, & un état de ceux qui en feront tirés, avec les caufes de recette & de dépenfe; ces états feront fignés du Commandant du corps, du Major & du Tréforier; il en fera remis un double au Major, & il en fera envoyé un tous les mois au Secrétaire d'État ayant le département de la guerre.

Adminiftration de la Caiffe.

X X X V I.

Le Tambour-major veillera fur la conduite & la difcipline prefcrite parmi les Tambours; il aura rang de Sergent & jouira des mêmes droits & prérogatives que les autres Sergens; il fera propofé par le Major, au Colonel, qui le nommera, & fera attaché à la compagnie Colonelle, fans faire nombre dans ladite compagnie.

Fonctions du Tambour-major, & par qui nommé

X X X V I I.

Sa Majeste' trouvant convenable au bien de fon fervice, que les places de Sergens & de Caporaux ne foient remplies par des fujets fages, intelligens, fachant lire & écrire, & qui aient le talent en inftruifant les Soldats de s'en faire obéir; fon intention eft qu'il foit fait par le Commandant & le Major de chaque régiment, un examen exact des fujets qui rempliffent actuellement ces places, & que tous ceux qui ne fe trouveront point avoir les qualités prefcrites ci-deffus en foient retirés, favoir, les Sergens pour être renvoyés, & les Capo-

Choix actuel des Sergens, Fourriers, & Caporaux.

B

raux pour entrer dans la claſſe des Appointés, ainſi qu'il ſera dit plus bas : Voulant Sa Majeſté que le Commandant & le Major choiſiſſent, pour cette fois ſeulement, les ſujets qui ſeront les plus propres à les remplacer, ainſi que ceux qui devront occuper les places de Fourriers que Sa Majeſté a jugé à propos de créer dans chaque compagnie.

XXXVIII.

SA MAJESTE' voulant en même temps expliquer ſes intentions ſur la manière dont il ſera procédé à l'avenir aux choix deſdits Bas-officiers, Elle a réglé que,

Choix des Sergens pour l'avenir.

Lorſqu'il vaquera une place de Sergent dans une compagnie, les douze plus anciens Sergens du régiment s'aſſembleront, avec les Porte-drapeaux, chez le Major pour choiſir parmi tous les Caporaux du régiment, ſans avoir aucun égard à l'ancienneté, les trois ſujets qu'ils croiront les plus propres à remplir la place vacante; ils les préſenteront au Major & au Capitaine de la compagnie dans laquelle la place de Sergent ſera vacante ; & ſur le rapport de ces deux Officiers, le Commandant du régiment nommera celui des trois ſujets propoſés qui lui paroîtra mériter la préférence.

XXXIX.

Choix des Fourriers.

LORSQU'IL vaquera une place de Fourrier, les douze plus anciens Fourriers s'aſſembleront, avec le Quartier-maître, chez le Major pour choiſir, parmi tous les Caporaux du régiment, les trois ſujets qu'ils croiront les plus propres pour remplir la place vacante; ils les préſenteront au Major & au Capitaine de la compagnie dans laquelle la place de Fourrier ſera vacante, de la même manière qu'il eſt expliqué dans l'article précédent pour les Sergens.

XL.

Choix des Caporaux.

PAREILLEMENT lorſqu'il vaquera une place de Caporal, les huit plus anciens Caporaux & les quatre plus anciens Sergens du régimens, s'aſſembleront chez le Major pour choiſir, parmi tous les Soldats du régiment, trois ſujets qu'ils préſenteront au Major & au Capitaine de la compagnie dans laquelle la place de Caporal ſera vacante, de la même manière qu'il eſt expliqué dans l'article XXXVIII. de la préſente ordonnance.

II

X L I.

Les Sergens commanderont leur division ou subdivision, les maintiendront en bonne discipline & police, & rendront tous les jours compte aux Officiers, de tous les détails qui concerneront lesdites divisions ou subdivisions, ainsi qu'il est prescrit par les articles XII. & XIV.

Fonctions des Sergens.

X L I I.

Les Fourriers seront entièrement subordonnés aux Quartiers-maîtres des régimens; ils seront chargés, sous leurs ordres, du détail de toutes les subsistances, des distributions, du logement, du campement & de la propreté du quartier & du camp. Ils auront rang de derniers Sergens, & seront dispensés de monter la garde en campagne comme en garnison.

Fonctions des Fourriers.

X L I I I.

Les Caporaux veilleront sur la discipline, la police & les exercices de leur escouade; ils en répondront au Sergent de leur division ou subdivision, & suppléeront aux Sergens qui pourront manquer.

Fonctions des Caporaux.

X L I V.

A l'égard des places d'Appointés, elles seront données, quant à présent, par préférence aux Caporaux & Anspessades réformés, en exécution des articles XI. & XXXVII. de la présente ordonnance; mais à l'avenir ces places d'Appointés appartiendront toûjours de droit aux plus anciens Grenadiers ou Fusiliers de chaque compagnie; ils commanderont l'escouade dont ils feront partie, au défaut des Caporaux, qui en seront toûjours les chefs.

Appointés.

X L V.

Le terme des engagemens sera fixé à l'avenir à huit années, au lieu de six; les Soldats qui monteront aux hautes-payes ne seront point tenus, comme par le passé, de servir trois ans au-delà du terme de leur engagement; & le congé absolu sera régulièrement donné chaque année, aux Soldats dont l'engagement sera expiré.

Terme des engagemens, fixé à huit ans.
Les hautes-payes ne r'engageront point.
Congés donnés à leur expiration.

X L V I.

Sa Majesté donnera ses ordres pour faire délivrer dès-à-présent le congé absolu aux quatre plus anciens Soldats de chaque compagnie, qui s'étant engagés pour six ans, ont con-

Congés absolus donnés aux quatre plus anciens Soldats dont les en-

tinué de servir au-delà de ce terme, le tems de leur service
ayant été prolongé à cause de la guerre; & il en sera délivré
un pareil nombre régulièrement chaque année à ceux qui seront
dans ce cas.

XLVII.

LES Soldats qui auront volontairement renouvelé un second
engagement, & qui, en conséquence, après avoir servi seize
ans, voudront se retirer chez eux & non ailleurs, y toucheront
la moitié de leur solde, & Sa Majesté leur sera délivrer
tous les huit ans un habit de l'uniforme du régiment dans lequel
ils auront servi.

XLVIII.

CEUX qui, ayant renouvelé volontairement un troisième
engagement, auront servi vingt-quatre ans, auront le choix,
ou d'être reçûs à l'Hôtel royal des Invalides, ou de se retirer
chez eux & non ailleurs, avec leur solde entière; & Sa Majesté
leur sera délivrer tous les six ans un habit de l'uniforme
du régiment dans lequel ils auront servi.

XLIX.

SA MAJESTE' ayant considéré que les Troupes sont obligées,
en temps de guerre, de faire plus de dépense qu'en temps
de paix, & voulant les mettre dans le cas de supporter ces dépenses
au moyen des appointemens & de la solde, Elle a résolu
de leur régler une paye de paix, & une paye de guerre;
& en conséquence, Elle veut que les appointemens & solde
soient payés aux régimens de son Infanterie françoise, sur le
pied, par jour,

SAVOIR,

	EN TEMS DE PAIX.			EN TEMS DE GUERRE		
Compagnies de Grenadiers.	Par jour.	Par mois.	Par an.	Par jour.	Par mois.	Par an.
	l s d	l s d	l	l s d	l s d	l
A chaque Capitaine, cinq livres onze sols un denier un tiers en temps de paix, & huit livres six sols huit deniers en temps de guerre, ci	5 11 1⅓	166 13 4	2000	8 6 8	250 » »	3000

	EN TEMS DE PAIX.							EN TEMS DE GUERRE.						
	Par jour.			Par mois.			Par an.	Par jour.			Par mois.			Par an.
	l	f	d	l	f	d	l	l	f	d	l	f	d	l
Au Lieutenant, deux livres dix sols en paix, & trois livres six sols huit deniers en temps de guerre..........	2	10	»	75	»	»	900	3	6	8	100.	»	»	1200
Au Sous-lieutenant, une livre treize sols quatre deniers en paix, & deux livres dix sols en guerre.	1.	13.	4	50.	»	»	600.	2.	10.	»	75.	»	»	900.
A chaque Sergent, douze sols quatre deniers en paix, & douze sols huit deniers en guerre.....	»	12.	4	18.	10.	»	222.	»	12.	8	19.	»	»	228.
Au Fourrier, dix sols en paix, dix sols quatre den. en guerre..	»	10.	»	15.	»	»	180.	»	10.	4	15.	10.	»	186.
A chaque Caporal, huit sols huit deniers en paix, & neuf sols en guerre	»	8.	8	13.	»	»	156.	»	9.	»	13.	10.	»	162.
A chaque Appointé, sept sols huit deniers en paix, & huit sols en guerre	»	7.	8	11.	10.	»	138.	»	8.	»	12,	»	»	144.
A chaque Grenadier & au tambour, six sols huit deniers en paix, & sept sols en guerre....	»	6.	8	10.	»	»	120.	»	7.	»	10.	10.	»	126.
Compagnie de Fusiliers.														
Au Capitaine, quatre livres trois sols quatre deniers en paix, & six livres treize sols quatre den. en guerre	4.	3.	4	25.	»	»	1500.	6.	13.	4	200.	»	»	2400.
Au Lieutenant, une livre treize sols quatre deniers en paix, & deux livres quinze sols six den. deux tiers en guerre ...	1.	13.	4	50.	»	»	600.	2.	15.	6⅔	83.	6.	8.	1000.
Au Sous-lieutenant, une livre dix sols en paix, & deux livres quatre sols cinq deniers un tiers en guerre	.	10.	»	45.	»	»	540.	2.	4.	5	66.	13.4.		800.
A chaque Sergent, onze sols quatre deniers en paix, & onze sols huit deniers en guerre.....	»	11.	4	17.	»	»	204.	»	11.	8	17.	10.	»	210.
Au Fourrier, neuf sols en paix, neuf sols quatre den. en guerre	»	9.	»	13.	10.	»	162.	»	9.	4	14	»	»	168.

	EN TEMS DE PAIX.							EN TEMS DE GUERR[E]						
	Par jour.			Par mois.			Par an.	Par jour.			Par mois.			Par a[n].
	l	f	d	l	f	d	l	l	f	d	l	f	d	l
À chaque Caporal, sept sols huit deniers en paix, & huit sols en guerre	»	7	8	11	10	»	138,	»	8.	»	12	»	»	14
À chaque Appointé, six sols huit deniers en paix, & sept sols en guerre	»	6	8	10.	»	»	120.	»	7.	»	10.	10.	»	12
À chaque Fusilier ou Tambour, cinq sols huit deniers en paix, & six sols en guerre	»	5	8	8.	10.	»	102.	»	6.	»	9.	»	»	10
ÉTAT-MAJOR.														
Au Colonel, indépendamment de ses apointemens de Capitaine, huit livres six sols huit deniers en paix, & dix livres en guerre . . .	8.	6.	8	250.	»	»	3000.	10	»	»	00.	»	«	360
Au Lieutenant-colonel, indépendamment de ses appointemens de Capitaine, cinq livres onze sols un denier un tiers en paix, & huit livres six sols huit deniers en guerre	5.	11	$1\tfrac{1}{3}$	166	13	4	2000	8	6	8	150.	»	»	300
À chaque Major des régimens de quatre bataillons, qui ne recevront rien comme Majors de brigade, huit livres six sols huit deniers en paix, & douze livres dix sols en guerre	8.	6.	8	250.	»	»	3000.	12.	10.	»	175.	»	»	450
À chaque Major des régimens de deux bataillons & d'un bataillon, qui de même ne toucheront rien comme Majors de brigade, huit livres en paix; & onze livres deux sols deux deniers deux tiers en guerre	8.	»	»	240.	»	»	2880.	11.	2.	$2\tfrac{2}{3}$	333.	6.	8	400
Au second Major du régiment du Roi, six livres en paix, & dix livres en guerre	6.	»	»	180.	»	»	2160.	10.	»	»	300.	»	»	360
Au Commandant de bataillon, qui sera créé pendant la guerre, onze livres deux sols deux deniers deux tiers	. . .	. . .	. . .	. . .	. . .	. . .	. . .	11.	2.	$2\tfrac{2}{3}$	333.	6.	8	400

A chaque Aide-major, avec commission de Capitaine, quatre livres trois sols quatre deniers en temps de paix, & six livres treize sols quatre deniers en guerre...

A chaque Aide-major, sans commission de Capitaine, deux livres dix sols en paix, & cinq livres en guerre............

A chaque Sous-aide major, trente-trois sols quatre deniers en paix, & trois livres six sols huit deniers en guerre........

Au Quartier-maître, une livre dix sols en paix, & deux livres quatre sols cinq deniers un tiers en guerre.................

A chaque Porte-drapeau, une livre cinq sols en paix, & une livre treize sols quatre deniers en guerre...................

Au Trésorier d'un régiment de quatre bataillons, cinq livres onze sols un denier un tiers en temps de paix, & huit livres six sols huit deniers en guerre....

Au Trésorier d'un régiment de deux & d'un bataillon, trois livres six sols huit deniers en temps de paix, & cinq livres onze sols un denier un tiers en guerre...

Au Tambour-major, quatorze sols en tout temps...........

A l'Aumônier, une livre sept sols neuf deniers un tiers en paix, & deux livres en guerre......

Au Chirurgien, une livre sept sols neuf deniers un tiers en paix, & deux livres en guerre.......

	EN TEMS DE PAIX.			EN TEMS DE GUERRE.		
	Par jour.	Par mois.	Par an.	Par jour.	Par mois.	Par an.
	l f d	l f d	l	l f d	l f d	l
A chaque Aide-major, avec commission de Capitaine	4 3. 4	125 » »	1500	6 13 4	200 » »	2400
A chaque Aide-major, sans commission	2. 10.»	75. » »	900.	5. » »	150. » »	1800.
A chaque Sous-aide major	1. 13.4	50 » »	600.	3. 6. 8	100. » »	1200.
Au Quartier-maître	1. 10.»	45. » »	540.	2. 4. 5⅓	66. 13. 4	800.
A chaque Porte-drapeau	1 5 »	37. 10. »	450.	1. 13. 4	50. » »	600.
Au Trésorier d'un régiment de quatre bataillons	5. 11. 1⅓	166. 13. 4	2000.	8. 6. 8	250. » »	3000.
Au Trésorier d'un régiment de deux & d'un bataillon	3. 6.8	100. » »	1200.	5. 11. 1⅓	166. 13. 4	2000.
Au Tambour-major, quatorze sols en tout temps	». 14. »	21. » »	252.	». 14. »	21. » »	252.
A l'Aumônier	1. 7. 9⅓	41. 13. 4	500.	2. » »	60. » »	720.
Au Chirurgien	1. 7. 9⅓	41. 13. 4	500.	2. » »	60. » »	720.

Voulant Sa Majefté que la paye de guerre ne foit donnée qu'à ceux defdits régimens qui ferviront en campagne, à commencer du jour de leur arrivée à l'armée, jufqu'à celui de leur départ de l'armée pour rentrer dans le royaume; & que ceux qui demeureront en garnifon dans le royaume, pendant la guerre, ne touchent que la paye réglée pour le temps de paix.

L.

Linge & chauffure.

VEUT & entend Sa Majefté que fur la folde de paix réglée à chaque Sergent, Fourrier, Caporal, Appointé, Grenadier, Fufilier & Tambour, il en foit affecté feize deniers par chaque Sergent & Fourrier, & huit deniers par chaque Caporal, Appointé, Grenadier, Fufilier & Tambour, pour s'entretenir de linge & chauffure; & que, fur la folde qui leur eft réglée pour le temps de la guerre, il foit pareillement affecté au même ufage vingt deniers par chaque Sergent & Fourrier, & douze deniers par chaque Caporal, Appointé, Grenadier, Fufilier & Tambour.

L I.

Appointemens & folde des régimens affectés à la marine, dans le royaume & dans les colonies.

A l'égard des régimens que Sa Majefté a jugé à propos de deftiner plus particulierement au fervice de la Marine, des Colonies & des Ports, par l'article IV de la préfente ordonnance; lorfqu'ils ferviront dans le royaume, foit en temps de paix, foit en temps de guerre, ils toucheront les appointemens & folde réglés par l'article XLIX, pour le temps de la paix; lorfqu'ils auront ordre de paffer dans les Colonies, en temps de paix, il toucheront la moitié en fus defdits appointemens & folde, du jour de leur embarquement jufqu'au jour de leur débarquement à leur retour en France; & lorfqu'ils s'embarqueront pour les Colonies, en temps de guerre, ils toucheront les appointemens & folde réglés pour le temps de la guerre, & la moitié en fus defdits appointemens & folde, du jour de leur embarquement jufqu'à celui de leur débarquement à leur retour en France. Ils en fera ufé de même pour tous les régimens que Sa Majefté jugera à propos de faire paffer dans fes Colonies.

L I I.

Trois mois d'avance lorfqu'ils

CEUX defdits régimens, qui auront ordre de s'embarquer, receveron

17

recévront une avánce de trois mois d'appointemens & de solde, sur le pied de celle qui leur eſt réglée dans les Colonies, ils recevront de plus leur ſubſiſtance, par gratification, ſur les Vaiſſeaux qui les tranſporteront à leur deſtination, ſoit en allant, ſoit en revenant, ſans que, pour raiſon de cette ſubſiſtance, il puiſſe leur être fait aucune retenue.

s'embarqueront ; indépendamment de la ſubſiſtance ſur les Vaiſſeaux.

L I I I.

L E S appointemens & ſolde deſdits régimens leur ſeront payés des fonds de l'extraordinaire des guerres, tant qu'ils ſeront dans le royaume; & lorſqu'ils ſeront dans le cas de paſſer aux Colonies, le ſupplément dont ils doivent jouir de moitié en ſus de leurs appointemens & ſolde, ſera pris ſur les fonds affectés au ſervice des Colonies.

Par qui payés.

L I V.

I L en ſera uſé, pour l'entretien du linge & chauſſure des Sergens, Fourriers, Caporaux, Appointés, Grenadiers, Fuſiliers & Tambours deſdits régimens, de la même maniere que pour ceux des autres régimens, ſuivant ce qui eſt preſcrit par l'article L de la préſente ordonnance.

Linge & chauſſure.

L V.

L E S Capitaines de tous les régimens de l'Infanterie françoiſe, ſeront à l'avenir déchargés du ſoin de faire des recrues, hors le cas où ils s'abſenteront par congé : L'intention de Sa Majeſté étant de leur faire fournir toutes celles dont ils auront beſoin.

Le Roi ſe charge des recrues.

L V I.

D E F E N D, en conſéquence, Sa Majeſté à tous Officiers de donner à l'avenir aucuns congés abſolus, ſe réſervant d'expliquer par la ſuite, ſes intentions ſur la maniere dont ils ſeront expédiés.

Défenſe aux Officiers de donner des congés abſolus.

L V I I.

S A M A J E S T E' fera pareillement fournir à l'avenir aux régimens de ſon Infanterie françoiſe, l'armement dont il pourront avoir beſoin.

Armemens.

L V I I I.

L A Maſſe de l'habillement deſdits régimens, ſera établie, à commencer du jour de la nouvelle compoſition de chacun d'eux, qui ſera conſtatée par le Procès-verbal du Commiſſaire

Maſſe pour l'habillement.

C

des guerres, qui y fera préfent, fur le pied par jour, de deux
fols pour chaque Sergent, Fourrier, Tambour-major & Tambour, y compris un fol dont Sa Majefté à jugé à propos d'augmenter la Maffe defdits Tambours ; & d'un fol pour chaque
Caporal, Appointé, Grenadier & Fufilier; laquelle Maffe fera
toujours payée fur le pied complet, & remife tous les mois
avec la folde au Tréforier du régiment, lequel la dépofera
dans la caiffe; mais Sa Majefté fe réferve l'adminiftration di-
recte de ladite Maffe, au moyen de laquelle, Elle donnera
fes ordres pour faire habiller toutes les Troupes de fon Infanterie Françoife.

<h3 style="text-align:center">LIX.</h3>

Entretien des compagnies , & menues répara-tions.

A l'égard des réparations journalieres qu'il conviendra de
faire à l'habillement, équipement & armement defdits régimens, Sa Majefté fera former une Maffe de cinq livres pour
chaque homme par an, en tout temps; laquelle Maffe fera
payée fur le pied complet, & remife tous les mois à la caiffe
du régiment, avec la folde & la Maffe de l'habillement, pour
être employée auxdites réparations : Entend au furplus Sa Majefté qu'il foit par le Tréforier de chaque régiment envoyé
tous les fix mois au Secrétaire d'Etat ayant le département
de la guerre, un double figné du Major & de lui, de l'état de
recette & de dépenfe de cette Maffe.

<h3 style="text-align:center">LX.</h3>

Haute-paye donnée au Tam-bour pour l'entre-tien de fa Caiffe &c.

L'INTENTION de Sa Majefté eft que, fur cette Maffe,
il foit donné à chaque Tambour une haute-paye de deux
fols par jour, au moyen de laquelle lefdits Tambours feront
tenus d'entretenir leur caiffe de peaux & de cordages, & de
fe fournir de baguettes.

<h3 style="text-align:center">LXI.</h3>

Les Capitaines jouiront de leurs appointemens en entier, à la feule retenue des quatre deniers pour livre.

VEUT Sa Majefté que, dans tous les temps, les Capitaines jouiffent de leurs appointemens en entier, à la feule
retenue des quatre deniers pour livre de leurs Compagnies,
non compris les Officiers; leur défendant très-expreffément
de payer, fous tel prétexte que ce puiffe être, aucuns faux frais
de place, ni doubles rôles aux Tréforiers, ni gratification
à qui que ce foit. Enjoignant aux Majors des régimens d'y
tenir exactement la main, fous peine d'en répondre en leur
propre & privé nom.

LXII.

A u moyen du traitement réglé par la préfente ordonnance, qui décharge les Capitaines de l'entretien de leur troupe, toutes les penfions d'ancienneté & gratifications attachées aux charges, feront fupprimées, à la réferve de celle qui eft attachée à la charge de Colonel-lieutenant du régiment d'Infanterie de Sa Majefté: Et il ne fera payé aux régimens d'Infanterie françoife, en temps de paix, ni argent d'étape aux recrues, ni payes de gratifications; & en temps de guerre, ni étape aux recrues, ni argent de recrues, ni payes de gratifications, ni uftenfile.

Suppreffion des penfions & gratifications attachées aux charges, & de tout autre traitement.

LXIII.

L'intention de Sa Majefté eft que, quoique les Capitaines ne foient plus chargés ni des recrues ni de l'entretien de leur troupe, ils veillent cependant avec la même attention à tout ce qui pourra contribuer au bien-être des Soldats & à leur entretien; déclarant Sa Majefté qu'Elle fera punir févérement, fuivant l'exigence des cas, tous ceux qui y auront apporté quelque négligence.

Les Capitaines chargés de veiller à leur troupe, fous peine de punition.

LXIV.

A u c u n Capitaine, Lieutenant ou Sous-lieutenant, ne pourra s'abfenter qu'en s'engageant à faire deux hommes de recrue, au-deffus de cinq pieds deux pouces: Sa Majefté donnera fes ordres pour les leur faire payer fur le pied de cent livres chacun, rendu au quartier d'affemblée de leur régiment; mais fon intention eft que ceux qui n'en feront point, foient privés de leurs appointemens pendant tout le temps de leur abfence.

Officiers qui s'abfénteront obligés de faire deux hommes de recrue

LXV.

L'intention de Sa Majefté étant que dorénavent tous les régimens de fon Infanterie françoife, à la réferve de celui des Gardes-Lorraine, foient habillés de blanc, avec des marques diftinctives pour chacun, Elle a jugé à propos d'arrêter l'état des uniformes de chacun des régimens confervés par la préfente ordonnance, à laquelle Elle l'a fait annexer. Enjoignant Sa Majefté aux Colonels de tous les régimens, fans exception, de le faire exécuter en tout point; leur défendant d'y fouffrir aucun changement, qu'avec une permiffion expreffe & par écrit du Secrétaire d'État ayant le département

Uniforme des régimens.

de la guerre, d'après les ordres de Sa Majesté, sous peine de désobéissance, & de payer, sur leurs appointemens, la dépense qu'auroient occasionnée les changemens par eux ordonnés : Déclarant Sa Majesté qu'Elle fera casser les Majors des régiment qui n'auront point informé le Secrétaire d'Etat ayant le département de la guerre, des changemens qu'on auroit introduits dans les régimens : Défendant aussi Sa Majesté à celui qu'Elle a chargé de la régie de l'habillement des troupes, de se prêter à aucun changement ni à l'admission d'aucun ornement, autres que ceux portés dans l'état arrêté par Sa Majesté, sous peine d'en répondre en son propre & privé nom.

L X V I.

Moyen de parvenir à la nouvelle composition.

POUR parvenir à la nouvelle composition prescrite par la présente Ordonnance, les Inspecteurs qui seront chargés de son exécution, feront mettre chaque Régiment sous les armes, par les ordres des Gouverneurs ou Commandans des Provinces ou Places, où ils se trouveront, & en présence du Commissaire des guerres qui en aura la Police.

L X V I I.

Revûes d'inspection & de subsistance desdits régimens.

LES Inspecteurs feront de chacun desdits Régimens, une revûe exacte, par laquelle ils constateront le nombre d'Officiers & de Soldats dont ledit Régiment sera composé ; & le Commissaire des guerres fera aussi la sienne, pour servir au payement dudit Régiment, jusques & compris le jour de sa nouvelle composition exclusivement.

L X V I I I.

Dresser un état des dettes du Corps.

L'INSPECTEUR entrera à sa revûe, dans le détail le plus exact des dettes du Régiment, il en fera dresser un état, sur lequel seront marquées lesdites dettes, leur nature, leur époque, les motifs pour lesquelles elles auront été contractées, le nom & la demeure des Marchands ou Créanciers auxquels il sera dû

L X I X.

Dresser un état des dettes personnelles des Officiers.

IL fera ensuite dresser un état des dettes personnelles de chaque Officier, avec le même détail que pour les dettes du Régiment.

10. Décembre 1762.

21
L X X

L'Inspecteur dreſſera enſuite un état détaillé de ce qui ſera dû à chaque Régiment, ſoit ſur ſes Maſſes ou ſon uſtenſile, ſoit ſur d'autres parties ſéparées, en diſtinguant toutes les dettes par nature, avec leurs époques.

Dreſſer un état de ce qui ſera dû aux régin.ens.

L X X I.

Ledit Inſpecteur procédera enſuite à faire dreſſer un contrôle de tous les Officiers, contenant leurs noms, ſurnoms, les dates & les lieux de leur naiſſance, le détail exact de leur ſervice, l'époque de leurs différens grades, leurs bleſſures, enfin tous les détails qui pourront faire connoître leurs ſervices, leurs mœurs & leurs talens.

Dreſſer un contrôle des Officiers & de leur ſervice.

L X X I I.

Il ſera enſuite formé un état contenant les noms, ſurnoms & ſervices des Sergens, Caporaux, Anſpeſſades, Grenadiers, Fuſiliers & Tambours, que l'Inſpecteur jugera dans le cas d'être admis à l'Hôtel royal des Invalides, conformément aux règlemens & notamment à l'Ordonnance du 3 Décembre 1730 ; il joindra à ces états leurs congés abſolus, les certificats de leurs ſervices & ceux des bleſſures qui les rendroient ſuſceptibles de cette grace au défaut de ſervices ſuffiſans ; après quoi il les fera mettre en marche pour ſe rendre à l'Hôtel, ſur les routes qui lui ſeront envoyées à cet effet ; Voulant Sa Majeſté que les Officiers qui ſeroient ſuſceptibles de la même grace, ſoient compris ſur le même état & ſur les routes, pour prendre ſoin des Soldats juſqu'à leur arrivée à l'Hôtel ; & il ſera envoyé ſur le champ un double de ces états au Secrétaire d'état ayant le département de la guerre.

Dreſſer un état de tous ceux qui ſeront dans le cas d'être reçus à l'Hôtel royal des Invalides.

L X X I I I.

Ces opérations faites, il procédera, de concert avec les Colonels, au choix des Sous-aides-majors, des Porte-drapeaux, du Quartier-maître & du Tambour-major, dont il enverra les noms au Secrétaire d'Etat ayant le département de la guerre, pour les faire agréer par Sa Majeſté.

Choix des Officiers de l'Etat-major ou des compagnies nouvellement créées.

L X X I V.

Ledit Inſpecteur complétera enſuite les compagnies de Grenadiers au nombre de cinquante-deux hommes, en choi-

Compléter les compagnies de Grenadiers à cin-

quante-deux hom-
mes.

fiſſant, dans chaque régiment, tout ce qu’il y aura de meilleur pour la taille, la bravoure & les mœurs ; & il y ordonnera le choix des Bas-Officiers, dont elles auront beſoin, conformément à ce qui eſt preſcrit par les articles XXXVIII & XL de la préſente ordonnance.

L X X V.

Doublement des
compagnies de Fu-
ſiliers, & réduc-
tion deſd. compa-
gnies à ſoixante-
trois hommes.

DANS les bataillons compoſés de ſeize compagnies de Fuſiliers, l’Inſpecteur doublera les compagnies, en incorporant la neuvième dans la première, la dixième dans la ſeconde, & ainſi de ſuite ; il ſéparera enſuite de chaque compagnie les quatre Soldats dont les engagemens ſeront expirés depuis plus long-temps, pour les renvoyer chez eux avec leurs congés abſolus : après quoi il compoſera les huit compagnies reſtantes, des ſoixante-trois hommes les plus élevés & les plus en état de ſervir.

Dans les bataillons qui n’ont que douze compagnies de Fuſiliers, & où le doublement ne pourroit pas s’effectuer par compagnie entière, il formera huit compagnies de Fuſiliers en y incorporant les quatre dernieres, & les compoſera de même des ſoixante-trois hommes les plus élevés & les plus en état de ſervir, après avoir pareillement donné le congé abſolu aux quatre Soldats dont les engagemens ſeront expirés depuis plus long-temps : dans les deux cas, il ordonnera le choix des Bas-Officiers dont les compagnies de Fuſiliers pourront avoir beſoin, conformément à ce qui eſt preſcrit par les articles XXXVIII, XL & XLIV de la préſente ordonnance.

L X X V I

Choix des Offi-
ciers pour com-
mander les com-
pagnies dans les
régimens de qua-
tre bataillons qui
n’auront point
d’incorporation.

Les compagnies de Fuſiliers étant ainſi compoſées de ſoixante-trois hommes, & celles de Grenadiers de cinquante-deux hommes les plus en état de ſervir, l’inſpecteur y attachera les Officiers qui devront les commander, & à cet effet :

Les capitaines, Lieutenans & Sous-lieutenans qui ſont attachés aux compagnies de Grenadiers, en conſerveront le commandement.

Dans un régiment de quatre bataillons, où il n’y aura point d’incorporation d’autre régiment, les Colonels & Lieutenans-colonels reprendront chacun une compagnie ; & les trente reſtantes ſeront données aux trente Capitaines les plus anciens de commiſſion de tout le régiment.

23

Il en fera ufé de même dans les régimens confervés à deux & à un bataillon.

L X X V I I.

A l'égard des régimens qui, par l'incorporation d'un autre régiment, devront être portés à quatre bataillons, l'Infpecteur, après avoir procédé dans chaçun defdits régimens à ce qui eft prefcrit par les articles LXVII, LXVIII, LXIX, LXX, LXXI & LXXII, ordonnera de la part de Sa Majefté, aux Colonels, Lieutenans-colonels, Majors & Commandans de bataillons des régimens qui devront être incorporés dans d'autres, de quitter le commandement defdits régimens; il ordonnera le mélange des compagnies des quatre bataillons, fuivant l'ancienneté des Capitaines qui fe trouveront les commander; il complétera les compagnies de Grénadiers, conformément à l'article LXXIV.

Il doublera les compagnies des quatre bataillons, en fuivant la forme prefcrite par l'article LXXV.

Il laiffera aux Capitaines, Lieutenans & Sous-lieutenans de Grenadiers le commandement de leurs compagnies.

Il fera prendre une compagnie à chacun des Colonels & Lieutenans colonels des régimens qui auront reçû l'incorporation, & les trente compagnies reftantes feront données aux trente Capitaines les plus anciens de commiffion, tant des deux bataillons du régiment qui aura reçu l'incorporation, que celui qui aura été incorporé.

L X X V I I I.

S'IL fe trouvoit des Capitaines dont les commiffions foient de même date, l'infpecteur préférera ceux dont les lettres de Lieutenans ou d'Enfeignes, de Lieutenant en fecond ou de Sous-lieutenant feront les plus anciennes, & fi toutes leurs lettres fe trouvoient de même date, alors il les fera tirer au fort.

s'il arrivoit auffi qu'un Capitaine d'un régiment qui recevra l'incorporation d'un autre régiment, fe trouvât en concurrence avec un Capitaine du régiment incorporé, & que leurs commiffions ou lettres fuffent toutes de même date, alors le Capitaine du régiment qui recevra l'incorporation fera préféré.

L X X I X.

QUANT aux Lieutenans ou Enfeignes de chaque régiment, les plus anciens, dans l'ordre expliqué ci-deffus pour les Capitaines, feront attachés aux lieutenances des compagnies de Fufiliers, les moins anciens le feront aux fous-lieutenances, auffi des compagnies de Fufiliers.

Il fera choifi parmi les Lieutenans ou Sous-lieutenans, les plus capables, pour remplir les places de Sous-aides majors.

L X X X.

TOUS les Commandans de bataillons, ainfi que ceux des Capitaines, Lieutenans ou Enfeignes qui fe trouveront excédans feront réformés.

L X X X I.

APRES que les compagnies de Grenadiers & de Fufiliers auront été compofées de cinquante-deux & de foixante-trois hommes bien en état de fervir, & que les Officiers y auront été attachés, l'Infpecteur fera dreffer les contrôles, par compagnies des hommes qui les compoferont, contenant leurs noms, furnoms & fignalement, le lieu & la date de leur naiffance, leurs grades, l'époque de leur engagement; & il enverra des doubles de ces contrôles au Secrétaire d'Etat ayant le departement de la guerre.

L X X X I I.

TOUTES ces opérations finies, l'intention de Sa Majefté eft que les compagnies fe mêlent dans les différens bataillons, de manière que celle du Colonel foit au premier bataillon, celle du Lieutenant-colonel au fécond, celle du premier Capitaine de Fufiliers au troifième bataillon, celle du fecond Capitaine au quatriéme bataillon, celle du troifième Capitaine au premier bataillon, & ainfi de fuite; & qu'elles marchent dans chaque régiment après celles des Colonel & Lieutenant-colonel, & entr'elles, fuivant le rang des Capitaines qui les exploiteront.

L X X X I I I.

VEUT Sa Majefté que tous Soldats excédans foient réformés & renvoyés, avec leurs congés abfolus.

L X X X I V.

A l'égard de ceux qui feront aux hôpitaux, l'intention de

Sa

25

Sa Majefté eft que l'Infpecteur en faffe dreffer un état, qu'il fera figner par les Colonels, Lieutenans-colonels & Majors defdits régimens, lequel état il enverra au Secrétaire d'Etat ayant le département de la guerre, avec les congés abfolus des hommes qui y feront compris, afin que, fur le compte qui en fera rendu à Sa Majefté, Elle puiffe décider de leur fort ; voulant Sa Majefté que la folde continue de leur être payée, à compter du jour qu'ils feront en état de fortir defdits hôpitaux, jufqu'à ce qu'Elle ait décidé leur deftination ultérieure.

L X X X V.

Tous les Soldats qui devront être réformés & renvoyés chez eux, feront partagés en plufieurs claffes, fuivant les provinces dont ils feront, pour être conduits par étape, par des Officiers qui feront choifis à cet effet, lefquels feront chargés du contrôle defdits Soldats & de leurs congés abfolus jufqu'à la premiere Ville de la province dont ils feront ; l'intention de Sa Majefté étant, qu'alors ces Officiers foient tenus de remettre ces Soldats à l'Intendant, au Subdélégué, ou à leur défaut aux Officiers municipaux de cette premiere ville, avec leurs congés abfolus, & d'en tirer un reçû qu'ils enverront au Secrétaire d'Etat ayant le département de la guerre, avec le contrôle des Soldats qu'ils auront été chargés de conduire : Entendant Sa Majefté que les congés abfolus des Soldats ainfi congédiés, ne leur foient remis par lefdits Intendans, Subdélégués ou Officiers municipaux de la Ville, que lorfqu'ils feront rendus dans leur village ou dans l'endroit qu'ils auront choifi pour leur réfidence.

Les Officiers conducteurs retourneront dans leurs provinces, fur des routes de Sa Majefté, qui leur feront délivrées par des Intendans des provinces ; fe réfervant Sa Majefté, lorfqu'ils auront envoyé les reçus de la remife des Soldats à leur deftination, au bas du contrôle de ceux de la conduite defquels ils auront été chargés : de faire payer à chacun defdits Officiers une gratification de cent cinquante livres.

L X X X V I.

Si cependant, parmi les Soldats réformés, il s'en trouvoit quelques uns qui euffent la bonne volonté de fervir dans les régimens de Boulonnois, Foix & Querci, qui font à Saint-

D

Domingue, l'Infpecteur en dreffera un controle féparé & les fera partir pour Breft fur les routes de Sa Majefté, qui lui feront adreffées à cet effet; obfervant de mettre à leur tête les Officiers réformés qui feront jugés néceffaires , eu égard à leur nombre : ces Officiers devant enfuite retourner chez eux fur les routes qui leur feront remifes par le Commandant de Breft.

LXXXVII.

Les Soldats ré-formés auront un habit, un chapeau & trois livres.

L'INTENTION de Sa Majefté eft que tous les Sergens, Caporaux, Anfpeffades, Grenadiers, Fufiliers & Tambours de chacun defdits régimens, foit qu'ils continuent de fervir dans quelques Corps que ce foit, foit qu'ils fe rendent à l'Hôtel royal des Invalides, ou qu'ils retournent chez eux, emportent leur habit uniforme, avec leurchapeau, & qu il foit de plus donné à la premiere ville de leur province, trois livres à chacun de ceux qui feront réformés & renvoyés chez eux, pour gagner leur village.

LXXXVIII.

Défenfe aux Soldats réformés de s'écarter de leur route , injonction aux Prévôts d'y tenir la main.

DEFEND très-expreffément Sa Majefté aux Soldats réformés de s'écarter de la route qu'ils devront tenir pour s'a-cheminer dans leur province, fur peine à ceux qui feront ren-contrés fur les frontieres fortant des terres de l'obéiffance de Sa Majefté pour paffer dans les pays étrangers , d'être arrê-tés & punis comme déferteurs; & à ceux qui s'arrêteront dans les villages de la route ou des environs, d'être traités comme vagabonds, à moins qu'ils n'y euffent trouvé du tra-vail & qu'ils n'y foient employés de l'aveu des Officiers de la Communauté , auxquels ils feront obligés de fe préfenter pour en avoir des certificats en cas de befoin. Enjoint Sa Majefté aux Prevôts généraux des Maréchauffées, de veiller à ce que lefdits Soldats ne s'attroupent point, & d'arrêter & mettre en prifon ceux qui feroient le moindre dé-fordre, pour être punis fans délai , fuivant la nature des délits.

LXXXIX.

Armement des réformés , remis aux magafins du Roi.

LES épées, fufils, bayonnettes & équipemens des Sol-dats réformés, feront remis par les foins des Commiffaires des guerres dans les magafins de la place la plus prochaine : l'intention de Sa Majefté étant que les Gardes - Magafins

27

s'en chargent au bas des inventaires, fignés defdits Commiffaires des guerres, & qu'il en foit envoyé des doubles au Secrétaire d'État ayant le département de la guerre.

X C.

L INTENTION de Sa Majefté eft que le décompte des appointemens & folde qui feront dûs aux Officiers & Soldats réformés defdits régimens, leur foit fait jufques & compris le jour de leur réforme, quand bien même ils feroient abfens par femeftre ou par congé.

X C I.

L'INSPECTEUR donnera fes ordres pour que les dettes perfonnelles des Officiers réformés, & les fommes qu'ils pourront devoir à l'État-major, foient prélevées fur ce qui leur fera dû d'appointemens; & fi cette fomme ne fuffifoit point, il déclarera de la part de Sa Majefté qu'elles feront retenues & payées fur les penfions & appointemens de ceux defdits Officiers, auxquels Sa Majefté en auroit accordé.

X C I I.

L ES Colonels, Lieutenans - Colonels, Majors & Commandans de bataillons des régimens incorporés, feront réformés, ainfi que tous les autres Officiers de l'État-major ; à la réferve des Aides-majors qui conferveront leur emploi dans le régiment où leur bataillon aura été incorporé.

X C I I I.

L ES Colonels jouiront de quinze cents livres de penfion fur le Tréfor royal jufqu'à ce qu'ils foient remplacés. Sa Majefté donnera de plus fes ordres pour leur faire rembourfer le prix de leurs régimens, s'ils l'ont payé, fur le pied qu'Elle a fixé.

X C I V.

T O U S les autres Officiers réformés, jouiront en penfions fur le Tréfor royal ; favoir, les Lieutenans-colonels de douze cents livres, les Commandans de bataillons & les Majors de huit cents livres, les Capitaines de Fufiliers qui auront vingt ans de fervice de quatre cents livres, ceux qui n'auront pas vingt ans de fervice, de trois cents livres feulement; voulant au furplus Sa Majefté que lefdites penfions ne foient payées qu'à ceux defdits Officiers qui fe retireront chez eux & non ailleurs, & qui s'y employeront à la levée du bataillon de recrue qui y fera affemblé.

XCV.

Deſtination des Lieutenans ou Enſeignes, réformés.

A l'égard des Lieutenans ou Enſeignes qui feront réformés, Sa Majefté entend qu'ils fe retirent dans leurs provinces, pour y remplir les emplois qu'Elle leur deſtine; fe réfervant de leur faire connoître fes intentions fur cet objet, lorfqu'on lui aura rendu compte de leurs fervices & de leurs talens.

XCVI.

Rappel des Capitaines réformés, pendant dix ans.

VEUT & entend Sa Majefté que les Colonels des régimens confervés foient tenus de propofer, pour les compagnies qui viendront à vaquer, les Capitaines réformés, foit de leurs régimens, foit de ceux qui y auront été incorporés; Sa Majefté approuvant cependant qu'àprès dix ans écoulés, du jour de la préfente ordonnance, les Lieutenans des régimens foient nommés aux compagnies, fuivant leur rang.

XCVII.

ENTEND auffi Sa Majefté que fi, parmi les Lieutenans ou Enſeignes réformés, il s'en trouvoit qui fuffent fortis de l'Ecole militaire, ils foient remplacés, par préférence à tous nouveaux fujets, aux premiers emplois qui viendront à vaquer dans tous les régimens indiftinctement, & qu'en attendant ils jouiffent chez eux de deux cent livres d'appoinmens.

XCVIII.

Jour de la compoſition & du nouveau traitement, doit être conſtaté par les procès-verbaux des Commiſſaires.

L'INTENTION de Sa Majefté eft qu'il foit dreffé par les Commiffaires de guerres qui feront préfens à l'exécution de la préfente ordonnance, des procès verbaux de la nouvelle compofition des régimens qui y eft prefcrite; voulant Sa Majefté que la Solde & la Maffe réglées ayent lieu, à commencer du jour & de la datte defdits procès-verbaux, dont il fera remis un double, figné defdits Commiffaires des guerres, aux Tréforiers; voulant auffi Sa Majefté qu'il en foit envoyé des doubles au Secrétaire d'Etat ayant le département de la guerre.

XCIX.

A COMMENCER du jour de la nouvelle compofition de chacun defdits régimens, les journées d'Hôpitaux feront

29

toutes paſſées au compte de Sa Majeſté, ſur les états ãrrêtés, par les Commiſſaires des guerres chargés de la police deſdits Hôpitaux, leſquels feront tenus de faire mention, ſur leſdits états, des nom, ſurnom & nom de guerre de chacun des Soldats qui ſe trouveront dans leſdits Hôpitaux, du nom de leurs régiment & compagnie, de l'époque de leur entrée à l'Hôpital, de l'époque de leur ſortie ou de leur mort; & d'envoyer ces états au Secrétaire d'Etat ayant le déparrement de la guerre, qui n'ordonnera le payement deſdites journées, qu'en exécution deſdits états, & non autrement.

C.

DECLARE Sa Majeſté qu'à commencer du même jour, Elle ne fera plus payer les ſix ſols de ſortie, qu'il étoit d'uſage de donner aux Entrepreneurs des Hôpitaux, pour avoir ſoin de l'habillement & de l'armement des Soldats qui y entroient ; ſe réſervant Sa Majeſté de charger deſdits effets le Garde-magaſin de chaque place, qui en répondra au Commiſſaire des guerres chargé de la police de l'Hôpital : Enjoignant Sa Majeſté auxdirs Gardes-magaſins de ſe conformer, en tout point, aux réglemens & aux inſtructions qu'Elle leur fera remettre, ſous peine de répondre, en leur propre & privé nom, de tous les effets qui ſeront perdus.

C I.

A l'égard des Officiers qui ſeront traités dans les Hôpitaux de Sa Majeſté, ils continueront d'y payer ſur leurs appointemens, le prix qui eſt réglé pour leurs journées. Dérogeant Sa Majeſté a toutes les diſpoſitions des précédentes ordonnances, qui ſe trouveront contraires à la préſente.

MANDE & ordonne Sa Majeſté aux Officiers généraux ayant commandement ſur ſes Troupes, aux Gouverneurs & Lieutenans généraux dans ſes provinces, aux Gouverneurs & Commandans de ſes villes & places, aux Inſpecteurs généraux de ſon Infanterie, aux Intendans dans ſes provinces & ſur ſes frontieres, aux Commiſſaires des guerres & à tous autres ſes Officiers qu'il appartiendra, de tenir la main à l'exécution de la préſente ordonnance FAIT à Verſailles le dix Décembre mil ſept cent ſoixante-deux. *Signé* LOUIS *Et plus bas*, LE DUC DE CHOISEUL.

ETAT arrêté par le Roi, de l'Uniforme que Sa Majesté a réglé pour l'Habillement & Equipement des Régimens de son Infanterie Françoise.

PICARDIE.

Habit, veste, paremens, revers & collet de drap blanc piqué de bleu ; culotte de tricot de même couleur, doubles poches en long garnies de neuf boutons chacune, en patte d'oie, quatre sur la manche, cinq à chaque revers, & quatre en dessous : les boutons jaunes, collés & mastiqués sur buis, forme plate, avec le n°. 1.
Chapeau bordé d'or.

CHAMPAGNE.

Habit, veste, paremens, revers & collet de drap blanc piqué de bleu ; culotte de tricot de même couleur ; doubles poches en long garnies de six boutons chacune, à distance égale, quatre sur la manche, cinq au revers & quatre en dessous : les boutons jaunes, collés & mastiqués sur buis, forme plate, avec le n°. 2.
Chapeau bordé d'or.

NAVARRE.

Habit, veste, paremens, revers & collet de drap blanc piqué de bleu ; culotte de tricot de même couleur, poches carrées en écusson garnies de neuf boutons, dont quatre de chaque côté, & un à la pointe de l'écusson, cinq sur la manche & un en dedans du parement, cinq au revers & quatre au dessous : boutons jaunes, forme plate, avec le n°. 3.
Chapeau bordé d'or.

PIÉMONT.

Habit & veste de drap blanc piqué de bleu, culotte de tricot de même couleur, paremens, revers & collet de panne noire, pattes en travers, à demi-écusson, garnies de cinq boutons, dont un à chacun des quatre angles, & un à la pointe du milieu de l'écusson, trois sur la manche & un en dedans du parement, cinq au revers & quatre en dessous : boutons jaunes, collés & mastiqués sur buis, forme plate, avec le n°. 4.
Chapeau bordé d'or.

3 2

NORMANDIE.

Habit & veſte de drap blanc piqué de bleu, culotte de tricot gris-blanc; paremens, revers & collet de panne noire, pattes en travers garnies de trois boutons, trois ſur la manche, cinq au revers & quatre en deſſous : les boutons blancs, collés & maſtiqués ſur buis, forme plate, avec le n°. 5.

Chapeau bordé d'argent.

LA MARINE.

Habit, veſte & revers de drap blanc piqué de bleu, culotte de tricot gris-blanc, paremens & collet de panne noire, pattes ordinaires en travers garnies de trois boutons, trois ſur le parement & un dedans, cinq au revers & quatre au-deſſous : boutons jaunes, forme plate, avec le n°. 6.

Chapeau bordé d'or.

BÉARN.

Habit, veſte, paremens & revers de drap gris-blanc piqué de bleu; culotte de tricot blanc, collet rouge écarlate, poches en travers garnies de trois boutons, autant ſur la manche, cinq au revers & quatre en deſſous : boutons jaunes, forme plate, avec le n°. 7.

Chapeau bordé d'or.

BOURBONNOIS.

Habit, veſte, paremens, collet & revers de drap blanc, culotte de tricot de même couleur, doubles poches en long garnies de ſix boutons, de deux en deux, l'une des deux pattes, vers les plis de l'habit, plus courte d'un pouce que l'autre, quatre boutons ſur la manche, cinq au revers & quatre en deſſous : boutons jaunes unis, forme plate, avec le n°. 8.

Chapeau bordé d'or.

AUVERGNE.

Habit & veſte de drap gris-blanc, culotte de tricot de même couleur, paremens, revers & collets violets, pattes ordinaires garnies de trois boutons, autant ſur la manche, cinq aux revers & quatre en deſſous : boutons blancs unis, avec le n°. 9.

Chapeau bordé d'argent.

FLANDRE.

Habit & veſte de drap blanc, culotte de tricot de même couleur;

paremens, revers & collet violets, pattes ordinaires garnies de trois boutons, autant fur le parement, cinq au revers & quatre en deffous : boutons jaunes unis, forme plate, avec le n°. 10.
Chapeau bordé d'or.

GUŸENNE.

Habit, vefte, revers & paremens de drap blanc, collet rouge; culotte
de tricot blanc, la poche en long garnie de trois boutons, trois fur la
manche & un en dedans, cinq au revers & quatre en deffous : boutons
jaunes unis, avec le n°. 11.
Chapeau bordé d'or.

DU ROI.

Habit gris-blanc garni de neuf agrémens aurores & autant de boutons
jaunes, paremens bleus avec trois agrémens & boutons, poches en travers
garnies de trois agrémens & boutons : vefte bleue garnie de vingt agrémens
aurores & autant de boutons, poches garnies de cinq agrémens & boutons,
doublure de l'habit bleue, celle de la vefte en toile rouffe, culotte de tricot
blanc.
Chapeau bordé d'or.

ROYAL.

Habit & vefte de drap blanc, paremens, revers & collet bleus, culotte de
tricot blanc, doubles poches en long garnies de trois boutons chacune,
trois fur la manche, cinq au revers & quatre en deffous : boutons blancs
unis, avec le n°. 13.
Chapeau bordé d'argent.

POITOU.

Habit, revers, vefte & culotte blancs, paremens & collet bleus, doubles
poches en long avec chacune fix boutons de deux en deux, quatre auffi de
deux en deux fur les manches, cinq au revers, un détaché & quatre de
deux en deux, quatre en deffous : boutons jaunes unis, avec le n°. 14.
Chapeau bordé d'or.

LYONNOIS.

Habit, vefte & culotte blancs, paremens, revers & collet rouges, doubles
poches en long garnies chacune de trois boutons, autant fur la manche,
cinq au revers & quatre en deffous : boutons jaunes, avec le n°. 15.
Chapeau bordé d'or.

DAUPHIN.

33

DAUPHIN.

Habit, collet, veste & culotte blancs, paremens & revers bleus, une seule poche en long de chaque côté garnie de neuf boutons en patte d'oie, six petits boutons sur chaque parement, cinq au revers & quatre en dessous; boutons jaunes, avec le n°. 16.

Chapeau bordé d'or.

AUNIS.

Habit, paremens, veste & culotte blancs, revers & collet rouges, poches à l'ordinaire garnies de cinq boutons, autant aux paremens, cinq au revers & quatre en dessous : boutons blancs unis, avec le n°. 17.

Chapeau bordé d'argent.

TOURAINE.

Habit, veste & culotte blancs, paremens, revers & collet bleus, la poche en long garnie de six boutons, trois sur la manche, cinq au revers & quatre au dessous : boutons blancs, avec le n°. 18.

Chapeau bordé d'argent.

AQUITAINE.

Habit, veste & culotte blancs, paremens, revers & collet bleus, poche ordinaire avec cinq boutons, quatre sur les paremens & un en dedans, cinq au revers & quatre en dessous : boutons jaunes, avec le n°. 19.

Chapeau bordé d'or.

EU.

Habit, revers, veste & culotte blancs, collet & paremens bleus, poche ordinaire avec trois boutons, autant sur la manche, quatre au revers & autant en dessous : boutons jaunes, forme plate, avec le n°. 20.

Chapeau bordé d'or.

DAUPHINÉ.

Habit, veste & culotte blancs, paremens, revers & collet cramoisis, pattes en demi-écusson garnies de sept boutons, trois en hauteur de chaque côté & un à la pointe, trois sur la manche, quatre au revers & quatre en dessous : boutons jaunes plats, avec le n°. 21.

Chapeau bordé d'or.

ISLE-DE-FRANCE.

Habit, collet, vefte & culotte blancs, paremens & revers rouges, doubles poches en long garnies chacune de fix boutons de deux en deux, trois fur la manche, quatre au revers & quatre en deffous : boutons jaunes & plats, avec le n°. 22.

Chapeau bordé d'or.

SOISSONNOIS.

Habit, revers, culotte & vefte blancs, paremens & collet rouges, patte ordinaire garnie de trois boutons, autant fur la manche, quatre au revers & quatre en deffous : boutons jaunes & plats, avec le n°. 23.

Chapeau bordé d'or.

LA REINE.

Habit, vefte & culotte blancs, paremens, revers & collet rouges, pattes en écuffon garnies de huit boutons, dont quatre fur la hauteur de chaque côté, trois fur la manche, quatre au revers & quatre en deffous : boutons blancs & plats, avec le n°. 24.

Chapeau bordé d'argent.

LIMOSIN.

Habit, vefte & culotte blancs, paremens & revers rouges, collet blanc, patte ordinaire garnie de quatre boutons, autant fur la manche, quatre au revers & quatre en deffous : boutons jaunes & plats, avec le n°. 25.

Chapeau bordé d'or.

ROYAL-VAISSEAUX.

Habit, vefte & culotte blancs, paremens, collet & revers bleus, doubles poches en long garnies de trois boutons chacune, quatre boutons au revers, quatre en deffous, autant fur la manche : boutons jaunes & plats, avec le n°. 26.

Chapeau bordé d'or.

ORLÉANS.

Habit, collet, revers, culotte & vefte blancs, paremens rouges, pattes ordinaires garnies de quatre boutons, autant fur la manche, quatre au revers & quatre deffous : boutons jaunes & plats, avec le n°. 27.

Chapeau bordé d'or.

10. Decembre 1762.

35
LA COURONNE.

Habit, vefte & culotte blancs, paremens, collet & revers bleus, pattes ordinaires garnies de trois boutons, autant fur le parement, quatre au revers & autant en deffous : boutons blancs & plats, avec le n°. 28.
Chapeau bordé d'argent.

BRETAGNE.

Habit, paremens, vefte & culotte blancs, revers & collet noir, pattes ordinaires garnies de quatre boutons, autant fur la manche, quatre aux revers & autant en deffous : boutons jaunes & plats, avec le n°. 29.
Chapeau bordé d'or.

GARDES-LORRAINE.

Habit, collet, paremens & revers bleus, doublure, vefte & culotte blanche, pattes ordinaires garnies de trois boutons, autant fur la manche, quatre aux revers & quatre au deffous : boutons blancs & plats, n°. 30.
Chapeau bordé d'argent.

ARTOIS.

Habit, paremens, revers, vefte & culotte blancs, collet bleu, pattes en écuffon garnies de neuf boutons, trois fur la hauteur de chaque côté & trois en bas prefque en triangle, trois fur les manches, quatre aux revers & quatre au deffous : boutons jaunes & plats, avec le n°. 31.
Chapeau bordé d'or.

BERRY.

Habit, revers, vefte & culotte blancs, parement & collet cramoifi, poches ordinaires garnies de trois boutons, autant fur la manche, quatre au revers, quatre au deffous : boutons jaunes & plats, avec le n°. 32.
Chapeau bordé d'or.

HAYNAULT.

Habit, vefte & culotte blancs, paremens, revers & collet jaune-citron, patte ordinaire garnie de trois boutons, autant fur la manche, quatre au revers & autant deffous : boutons blancs & plats, avec le n°. 33.
Chapeau bordé d'argent.

LA SARRE.

Habit, collet, revers, vefte & culotte blancs, paremens bleus, patte ordinaire garnie de trois boutons, autant à la manche, quatre au revers & autant au deffous : boutons jaunes & plats, avec le n°. 34.
Chapeau bordé d'or.

LA FERE.

Habit, coller, vefte & culotte blancs, paremens & revers roüges, patte ordinaire garnie de trois boutons, autant fur la manche, quatre au revers & quatre au deffous : boutons blancs & plats, avec le n°. 35.
Chapeau bordé d'argent.

ROYAL-ROUSSILLON.

Habit, vefte & culotte blancs, paremens, revers & collet verd-faxe, patte ordinaire garnie de trois boutons, trois fur la manche, quatre au revers, quatre au deffous : boutons jaunes & plats, avec le n°. 37.
Chapeau bordé d'or.

CONDÉ.

Habit, vefte & culotte blancs, paremens, revers & collet ventre-de-biche, patte ordinaire garnie de cinq boutons, autant fur la manche, quatre au revers & quatre au-deffous : boutons jaunes & plats, avec le n°. 38.
Chapeau bordé d'or.

BOURBON.

Habit, vefte & culotte blancs, paremens, revers & collet rouges, doubles poches en long garnies chacune de neuf boutons en patte d'oie, trois au parement, quatre au revers & quatre au deffous : boutons blancs & plats, avec le n°. 39.
Chapeau bordé d'argent.

BEAUVOISIS.

Habit, vefte, paremens & culotte blancs, collet & revers verds, doubles poches en long garnies chacune de quatre boutons à diftance égale, trois fur la manche, quatre au revers & quatre au deffous : boutons blancs & plats, avec le n°. 41.
Chapeau bordé d'argent.

10. Decembre 1762.

37

R O U E R G U E.

Habit, paremens, collet, vefte & culotte blancs, revers verd, patte ordinaire garnie de trois boutons, autant fur le parement, quatre au revers & quatre au deffous : boutons jaunes & plats, avec le n°. 42.
Chapeau bordé d'or.

B O U R G O G N E.

Habit, revers, vefte & culotte blancs, collet & paremens verds, patte ordinaire garnie de trois boutons, autant fur la manche, quatre au revers & quatre au deffous : boutons jaunes & plats, avec le n°. 43.
Chapeau bordé d'or.

R O Y A L-L A-M A R I N E.

Habit, collet, revers, vefte & culotte blancs, paremens verds, patte ordinaire garnie de trois boutons, autant fur la manche, quatre au revers & quatre au deffous : boutons blancs & plats, avec le n°. 44.
Chapeau bordé d'argent.

V E R M A N D O I S.

Habit, paremens, revers, vefte & culotte blancs, collet verd, doubles poches en long avec un paffe-poil verd, garnies chacune de fix boutons de deux en deux, trois fur la manche ; quatre au revers & quatre au deffous : boutons jaunes & plats, avec le n°. 45.
Chapeau bordé d'or.

L A N G U E D O C.

Habit, paremens, vefte & culotte blancs, revers & collet verds, pattes plus larges que hautes garnies de fix boutons, trois de chaque coté, trois fur la manche de l'habit, quatre au revers & quatre au deffous : boutons jaunes, avec le n°. 53.
Chapeau bordé d'or.

B E A U C E.

Habit, vefte & culotte blancs, paremens, revers & collet verds, patte ordinaire plus échancrée, garnie de cinq boutons, dont un à chaque coin & un dans le milieu, trois fur la manche, quatre au revers & quatre au deffous : boutons jaunes, avec le n°. 54.
Chapeaubordé d'or.

MÉDOC.

Habit, vefte & culotte, paremens & collet blancs, revers verd, patte ordinaire garnie de trois boutons, autant fur la manche, quatre au revers & quatre au-deffous : boutons blancs, avec le n°. 56.
Chapeau bordé d'argent.

VIVARAIS.

Habit, revers, collet, vefte & culotte blancs, paremens verds, une poche en long garnie de trois boutons, trois fur la manche, quatre au revers & quatre au deffous : boutons jaunes ; avec le n°. 57.
Chapeau bordé d'or.

VEXIN.

Habit, vefte & culotte blancs, paremens, revers & collet verds, une poche en long garnie de quatre boutons, dont deux au milieu, trois boutons fur la manche, quatre petits au revers & quatre gros au deffous : boutons jaunes & plats, avec le n°. 58.
Chapeau bordé d'or.

ROYAL-COMTOIS.

Habit, revers, vefte & culotte blancs, collet & paremens verds, doubles poches en long garnies de cinq boutons, dont un au milieu & deux à chaque bout, placés en ligne droite fur la largeur de la patte, trois fur la manche, quatre au revers & quatre au deffous : boutons jaunes, avec le n°. 59.
Chapeau bordé d'or.

BEAUJOLOIS.

Habit, paremens, vefte & culotte blancs, revers & collet verds, poche en écuffon, plus large que haute, garnie de cinq boutons en patte d'oie, dont un à chaque coin, précédés de boutonnieres en biais, & un au milieu, trois fur le parement, quatre au revers & quatre au deffous : boutons jaunes, avec le n°. 60.
Chapeau bordé d'or.

PROVENCE.

Habit, revers, vefte & culotte blancs, collet & paremens verds, une

10. Décembre 1762.

patte en long garnie de trois boutons, six petits boutons en chapelet sur la manche, quatre au revers & quatre au deſſous : boutons blancs, avec le n°. 61.

Chapeau bordé d'argent.

PENTHIÉVRE.

Habit, revers, veſte & culotte blancs, collet & paremens bleus, la poche en long garnie de trois boutons, à diſtance égale, autant sur la manche, quatre au revers & autant au deſſous : boutons blancs & plats, avec le n°. 64.

Chapeau bordé d'argent.

BOULONNOIS.

Habit, revers, paremens, veſte & culotte blancs, collet verd, pattes en écuſſon garnies de six boutons, dont deux de chaque côté & deux au milieu, trois sur la manche, quatre petits au revers & quatre gros boutons en deſſous : boutons blancs, avec le n°. 65.

Chapeau bordé d'argent.

ANGOUMOIS.

Habit, paremens, collet, veſte & culotte blancs, revers verds, pattes en long garnies de quatre boutons, dont deux au milieu, trois sur la manche, quatre petits au revers, quatre au deſſous, boutons blancs, avec le n°. 66.

Chapeau bordé d'argent.

PÉRIGORD.

Habit, revers, veſte & culotte blancs, paremens & collet verds, pattes ordinaires garnies de trois boutons, autant sur la manche, quatre petits au revers, quatre au deſſous : boutons blancs, avec le n°. 67.

Chapeau bordé d'argent.

SAINTONGE.

Habit, collet, veſte & culotte blancs, paremens & revers verds, pattes ordinaires garnies de cinq boutons, dont un à chaque coin de la patte, & un au milieu, trois sur la manche, quatre petits au revers, quatre au deſſous : boutons blancs, avec le n°. 68.

Chapeau bordé d'argent.

FORÉS

Habit, paremens, veste & culotte blancs, revers & collet verds, pattes ordinaires garnies de trois boutons, autant sur la manche, quatre petits au revers, quatre gros au dessous : boutons blancs, avec le n°. 69.
Chapeau bordé d'argent.

CAMBRESIS.

Habit, collet, revers, veste & culotte blancs, paremens verds, pattes ordinaires garnies de cinq boutons, trois sur chaque manche, quatre au revers & quatre au dessous : boutons jaunes, avec le n°. 70.
Chapeau bordé d'or.

TOURNAISIS.

Habit, veste & culotte blancs, collet, paremens & revers verds, poches en long garnies de cinq boutons, les trois du milieu en patte d'oie, trois sur la manche, quatre petits au revers & quatre gros au-dessous : boutons blancs & plats, avec le n°. 71.
Chapeau bordé d'argent.

FOIX.

Habit, paremens, collet, veste & culotte blancs, revers verds, la poche en long garnie de neuf boutons en patte d'oie, trois sur la manche, quatre petits au revers, & quatre gros au dessous : boutons jaunes & plats, avec le n°. 72.
Chapeau bordé d'or.

QUERCY.

Habit, paremens, collet, veste & culotte blancs, revers verds, la poche en long garnie de neuf boutons en patte d'oie, trois sur la manche, quatre petits au revers, & quatre gros au dessous : boutons blancs & plats, avec le n°. 73.
Chapeau bordé d'argent.

COMTE-DE-LA-MARCHE.

Habit, revers, veste & culotte blancs, collet & paremens violets, pattes ordinaires garnies de cinq boutons, trois sur la manche, quatre au revers & quatre au dessous : boutons jaunes, avec le n°. 74.
Chapeau bordé d'or.

CHARTRES.

41

C H A R T R E S.

Habit, revers, vefte & culotte blancs, paremens & collet rouges, poches
en écuffon plus larges que hautes, garnies de cinq boutons en patte d'oie,
dont un à chacun des quatre coins, précédés des boutonnières en biais, &
un au milieu; trois boutons fur la manche & un en dedans, quatre au
revers & quatre en deffous : boutons jaunes, avec le n°. 81.
Chapeau bordé d'or.

C O N T Y.

Habit, collet, paremens, vefte & culotte blancs, revers bleus, pattes
ordinaires garnies de trois boutons, autant fur la manche, quatre au revers
& quatre au deffous : boutons blancs, avec le n°. 82.
Chapeau bordé d'argent.

E N G H I E N.

Habit, revers, vefte & culotte blancs, paremens & collet rouges, doubles
poches en long garnies de cinq boutons, trois au milieu & un à chaque
extrémité, cinq fur la manche, quatre au revers & quatre au deffous :
boutons blancs, avec le n°. 85.
Chapeau bordé d'argent.

Le Colonel portera une épaulette de chaque côté en or ou
argent, felon la couleur du bouton blanc ou jaune affecté au régiment, ornée de frange riche à nœuds de cordelières.

Le Lieutenant-colonel portera à gauche une feule épaulette
de même, garnie de frange comme celles du Colonel.

Le Major portera une épaulette de chaque côté en or ou en
argent, ornée de frange feulement, fans graine d'épinards ou
nœuds de cordelières.

Le Capitaine, & l'Aide-Major qui aura commiffion de Capitaine, porteront une épaulette en or ou en argent, ornée
de frange feulement comme celles du Major.

Le Lieutenant ne pourra porter l'épaulette pleine en argent,
elle fera lofangée de carreaux de foie jaune ou blanche, de forte

F

que fi le bouton eft jaune, le fond de l'épaulette fera en or lofangé de foie blanche; fi au contraire le bouton eft blanc, le fond de l'épaulette fera en argent lofangé de foie jaune; la frange fera mêlée d'or, ou d'argent & de foie.

Le Sous-lieutenant portera l'épaulette à fond de foie jaune ou blanche, felon la couleur affectée à chaque régiment, avec des carreaux d'or ou d'argent en oppofition à la couleur du fond de l'épaulette.

Le Porte-drapeau portera l'épaulette à fond de foie jaune ou blanche, liferée d'or ou d'argent.

L'habillement des Sergens, Caporaux, Appointés & Soldats de tous les régimens d'Infanterie françoife indiftinctement, à l'exception du régiment des Grenadiers de France & de celui des Gardes-Lorraine, qui continueront de porter le jufte-au-corps bleu, fera compofé :

S A V O I R ;

Le jufte-au-corps & la vefte de drap gris-blanc, piqué de bleu, doublés de cadis ou ferge blanche, avec paremens & revers des couleurs réglées pour chaque corps, garnis de la quantité & efpéce de boutons fixée & déterminée pour chaque régiment.

Les revers pour tous les régimens d'Infanterie françoife, auront treize pouces de long fur trois pouces & demie de large, & feront garnis de petits boutons de vefte, en nombre fixé & déterminé pour chaque corps.

Le collet aura quatre pouces de largeur, pour qu'il en demeure en dehors trois apparens.

Les culottes font de tricot blanc, doublées de toile.

Tous les Tambours porteront la petite livrée du Roi, avec les revers, collets & paremens des couleurs déterminées & ré-

43

glées pour chaque régiment, coupe des poches & poſition des boutons; à l'exception de ceux des régimens de la Reine & des Princes du Sang, qui continueront à porter leurs livrées; en ſe conformant aux marques diſtinctives de l'uniforme de chaque corps.

Les boutonnières ne ſeront faites qu'en poil de chèvre gris-blanc, celui des autres couleurs étant expreſſément défendu.

L'Officier ne pourra porter, ſous nul prétexte que ce ſoit, aucun galon, ni fil d'or ou d'argent à ſon uniforme.

FAIT à Verſailles, le dix Décembre mil ſept cent ſoixante-deux. *Signé* LOUIS. *Et plus bas,* LE DUC DE CHOISEUL.

A Paris, chez PRAULT, Quai de Gêvres, au Paradis. 1763.